Inhaltsverzeichnis

AF217938

1

Ich sehe 3 Bretter.

Ich sehe 12 Rollen.

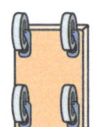 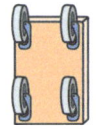 

$$4 + 4 + 4 = 12$$
$$3 \cdot 4 = 12$$

2 a)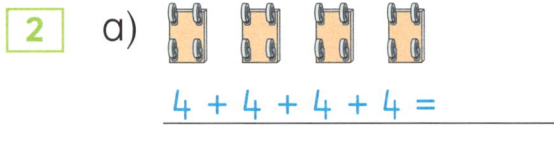

$$4 + 4 + 4 + 4 = \underline{\hspace{3cm}}$$

$$\underline{\hspace{3cm}} \cdot \underline{\hspace{3cm}}$$

b)

$$\underline{\hspace{4cm}}$$

$$\underline{\hspace{4cm}}$$

3 a)

$$\underline{\hspace{3cm}}$$

$$\underline{\hspace{3cm}}$$

b)

$$\underline{\hspace{4cm}}$$

$$\underline{\hspace{4cm}}$$

4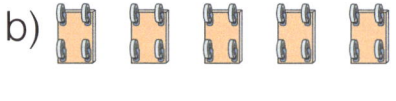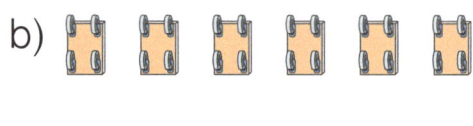

Wie viele Rollen sind es?

2 Bretter $2 \cdot 4 = \underline{\hspace{1cm}}$ 3 Bretter $\underline{\hspace{3cm}}$

7 Bretter $\underline{\hspace{1cm}} \cdot 4 = \underline{\hspace{1cm}}$ 8 Bretter $\underline{\hspace{3cm}}$

9 Bretter $\underline{\hspace{2cm}}$ 10 Bretter $\underline{\hspace{2cm}}$

5

Bretter	1	2	3	4	5	6	7	8	9	10
Rollen	4									

6

Bretter	3	5	7	1	9	2	6	8	4	10
Rollen	12									

1 In 4er-Sprüngen vorwärts.
Trage die Zahlen der 4er-Reihe ein.

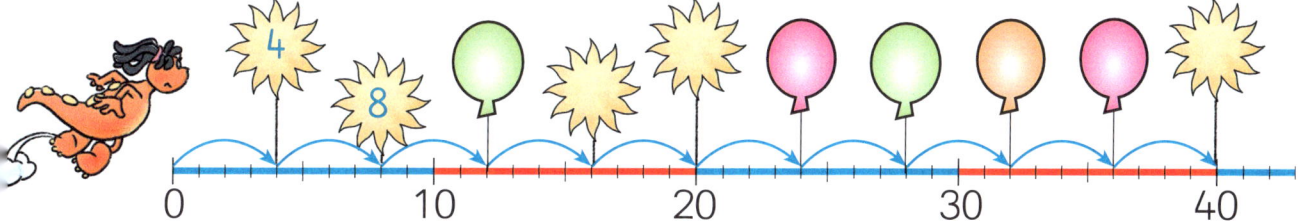

2 Rechne die Malaufgaben aus.
Dann trage die Ergebnisse in die Einmaleins-Tafel ein.

1 · 4 = ____

2 · 4 = ____

3 · 4 = ____

4 · 4 = ____

5 · 4 = ____

6 · 4 = ____

7 · 4 = ____

8 · 4 = ____

9 · 4 = ____

10 · 4 = ____

·	1	2	3	4	5	6	7	8	9	10
1	1	2	3		5	6	7	8	9	10
2	2	4	6		10	12	14	16	18	20
3	3	6	9		15					30
4										
5	5	10	15		25	30	35	40	45	50
6	6	12			30	36				60
7	7	14			35		49			70
8	8	16			40			64		80
9	9	18			45				81	90
10	10	20	30		50	60	70	80	90	100

3 Rechne auch die Tauschaufgabe.

5 · 4 = ____

4 · 5 =

9 · 4 = ____

4 · _____

3 · 4 = ____

_____

10 · 4 = ____

_____

2 · 4 = ____

_____

7 · 4 = ____

_____

8 · 4 = ____

_____

6 · 4 = ____

_____

4 Trage auch die Ergebnisse der Tauschaufgaben in die
Einmaleins-Tafel ein.

2 Das Eintragen der Ergebnisse in die Einmaleins-Tafel besprechen.

1   Es sind 20 Rollen, immer 4 Rollen an einem Brett.
Wie viele Bretter sind es?

Hier siehst du eine Geteiltaufgabe und eine Malaufgabe.

20 : 4 = ___, denn ___ · 4 = 20
Es sind ___ Bretter.

2   Es sind 16 Rollen, immer 4 Rollen an einem Brett. Kreise ein.
Wie viele Bretter sind es?

16 : 4 = ___, denn ___ · 4 = 16
Es sind ___ Bretter.

3   In 4er-Sprüngen vorwärts. Trage die Zahlen der 4er-Reihe ein.

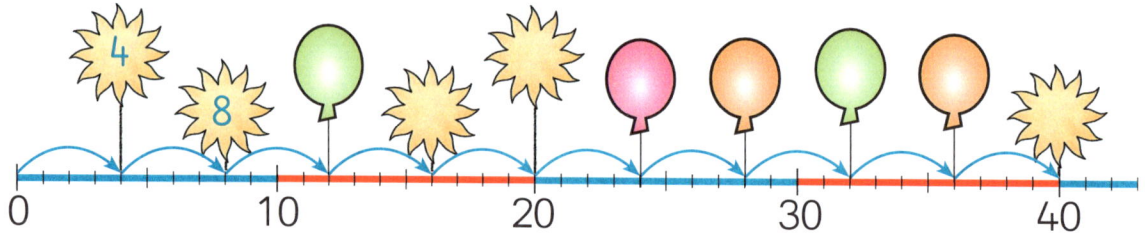

4   Wie viele 4er-Sprünge sind es?
Schreibe die Geteiltaufgabe und die Malaufgabe auf.

a)    b)    c)    d)

40 : 4 = ___   12 : _____   _____   _____

___ · 4 = ___   _____   _____   _____

5   12 : 4 = ___, denn ___ · 4 = ___   **6**   36 : 4 = ___
    8 : 4 = ___, denn ___ · 4 = ___   32 : 4 = ___
    4 : 4 = ___, denn ___ · 4 = ___   16 : 4 = ___
   24 : 4 = ___, denn ___ · 4 = ___   20 : 4 = ___

1 Von den Sonnen-Aufgaben zu den Nachbaraufgaben.

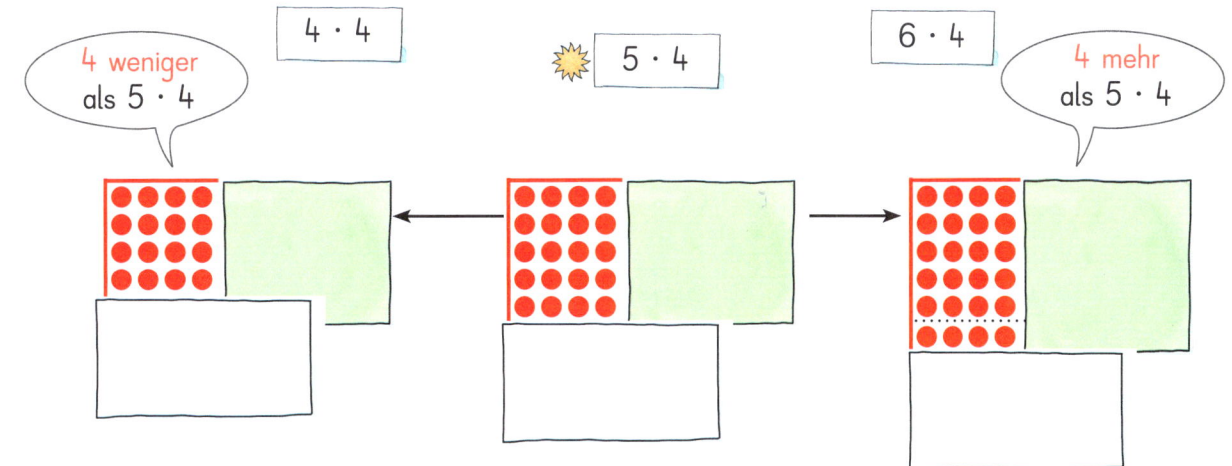

2   4 · 4 = ___   1 · 4 = ___   9 · 4 = ___

☀5 · 4 = ___   ☀2 · 4 = ___   ☀10 · 4 = ___

6 · 4 = ___   3 · 4 = ___   11 · 4 = ___

3   2 · 4 = ___   3 · 4 = ___   4 · 4 = ___   5 · 4 = ___

4 · 4 = ___   6 · 4 = ___   8 · 4 = ___   10 · 4 = ___

4

4 · 2 = ___   4 · 1 = ___   4 · 0 = ___

5   4 · 5 = ___   4 · 0 = ___   4 · 1 = ___   4 · 6 = ___

4 · 2 = ___   4 · 3 = ___   4 · 10 = ___   4 · 9 = ___

6   32 : 4 = ___ , denn ___ · ___ = ___   **7**   20 : 4 = ___

24 : 4 = ___ , denn ___ · ___ = ___   36 : 4 = ___

16 : 4 = ___ , denn ___ · ___ = ___   40 : 4 = ___

28 : 4 = ___ , denn ___ · ___ = ___   12 : 4 = ___

2 Aufgaben gegebenenfalls am Punktefeld zeigen.

1

Ich sehe 4 Paar Inliner.

Ich sehe 32 Rollen.

$$8 + 8 + 8 + 8 = \underline{\qquad}$$
$$4 \cdot 8 = \underline{\qquad}$$

2 a)

$$\underline{8 + 8 =} \underline{\hspace{4cm}}$$
$$\underline{\qquad \cdot \qquad}$$

b)

$$\underline{\hspace{5cm}}$$
$$\underline{\hspace{5cm}}$$

3 a)

$$\underline{\hspace{4cm}}$$
$$\underline{\hspace{4cm}}$$

b)

$$\underline{\hspace{4cm}}$$
$$\underline{\hspace{4cm}}$$

4

Wie viele Rollen sind es?

5 Paar Inliner $5 \cdot 8 = \underline{\hspace{2cm}}$ 8 Paar Inliner $\underline{\hspace{3cm}}$

7 Paar Inliner $\underline{\hspace{3cm}}$ 9 Paar Inliner $\underline{\hspace{3cm}}$

3 Paar Inliner $\underline{\hspace{3cm}}$ 10 Paar Inliner $\underline{\hspace{3cm}}$

5

Paare	1	2	3	4	5	6	7	8	9	10
Rollen	8									

4 und 5 Anzahl der Inliner im Bild abdecken, dann Anzahl der Rollen ermitteln.

1 In 8er-Sprüngen vorwärts.
Trage die Zahlen der 8er-Reihe ein.

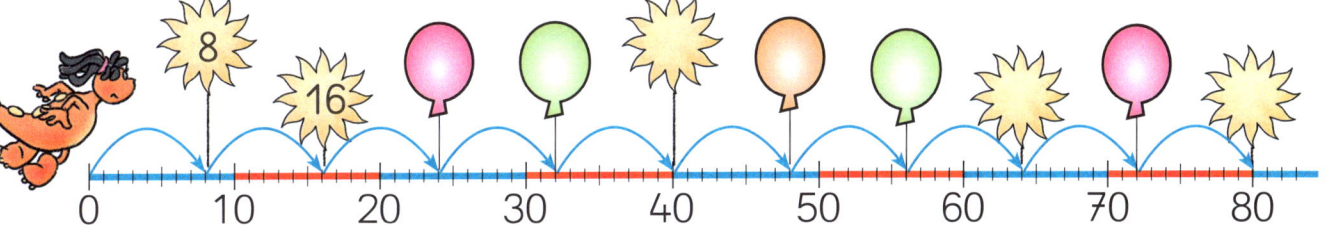

2 Rechne die Malaufgaben aus.
Dann trage die Ergebnisse in die Einmaleins-Tafel ein.

$1 \cdot 8 =$ ____

$2 \cdot 8 =$ ____

$3 \cdot 8 =$ ____

$4 \cdot 8 =$ ____

$5 \cdot 8 =$ ____

$6 \cdot 8 =$ ____

$7 \cdot 8 =$ ____

$8 \cdot 8 =$ ____

$9 \cdot 8 =$ ____

$10 \cdot 8 =$ ____

·	1	2	3	4	5	6	7	8	9	10
1	1	2	3	4	5	6	7		9	10
2	2	4	6	8	10	12	14		18	20
3	3	6	9	12	15					30
4	4	8	12	16	20	24	28		36	40
5	5	10	15	20	25	30	35		45	50
6	6	12		24	30	36				60
7	7	14		28	35		49			70
8										
9	9	18		36	45				81	90
10	10	20	30	40	50	60	70		90	100

3 Rechne auch die Tauschaufgabe.

$5 \cdot 8 =$ ___ $9 \cdot 8 =$ ___ $3 \cdot 8 =$ ___ $10 \cdot 8 =$ ___

$8 \cdot 5 =$ ___ _____ _____ _____

$2 \cdot 8 =$ ___ $7 \cdot 8 =$ ___ $4 \cdot 8 =$ ___ $6 \cdot 8 =$ ___

_____ _____ _____ _____

4 Trage auch die Ergebnisse der Tauschaufgaben in die
Einmaleins-Tafel ein.

2 Das Eintragen der Ergebnisse in die Einmaleins-Tafel besprechen.

1 Es sind 24 Rollen, immer 8 Rollen für 1 Paar.
Wie viele Paare sind es?

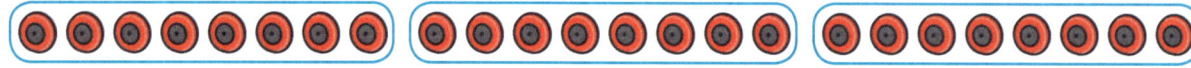

Hier siehst du eine Geteiltaufgabe und eine Malaufgabe.

24 : 8 = ____, denn ____ · 8 = 24
Es sind ____ Paare.

2 Es sind 16 Rollen, immer 8 Rollen für ein Paar. Kreise ein.
 Wie viele Paare gibt es?

____ : ____ = ____, denn ____ · ____ = 16
Es sind ____ Paare.

3 In 8er-Sprüngen vorwärts. Trage die Zahlen der 8er-Reihe ein.

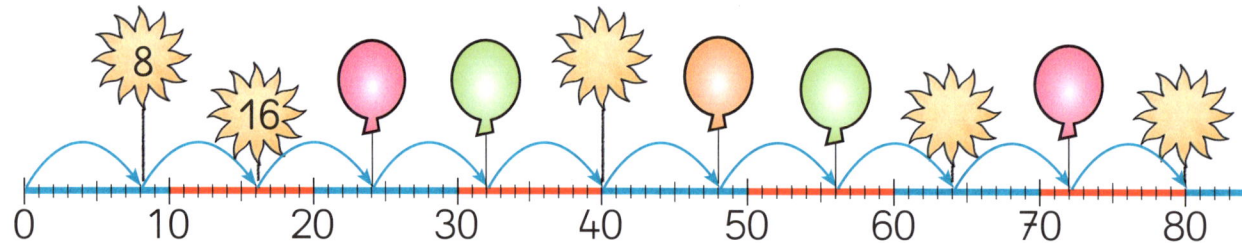

4 Wie viele 8er-Sprünge sind es?
Schreibe die Geteiltaufgabe und die Malaufgabe auf.

a) 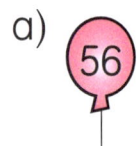 56   b) 48   c) 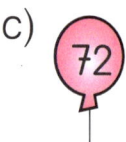 72   d)  32

56 : 8 = ____   _____   _____   _____

____ · 8 = ____   _____   _____   _____

5 16 : 8 = ____, denn ____ · 8 = ____
40 : 8 = ____, denn ____ · 8 = ____
72 : 8 = ____, denn ____ · 8 = ____
80 : 8 = ____, denn ____ · 8 = ____

6 64 : 8 = ____
8 : 8 = ____
56 : 8 = ____
24 : 8 = ____

1 Von den Sonnen-Aufgaben zu den Nachbaraufgaben.

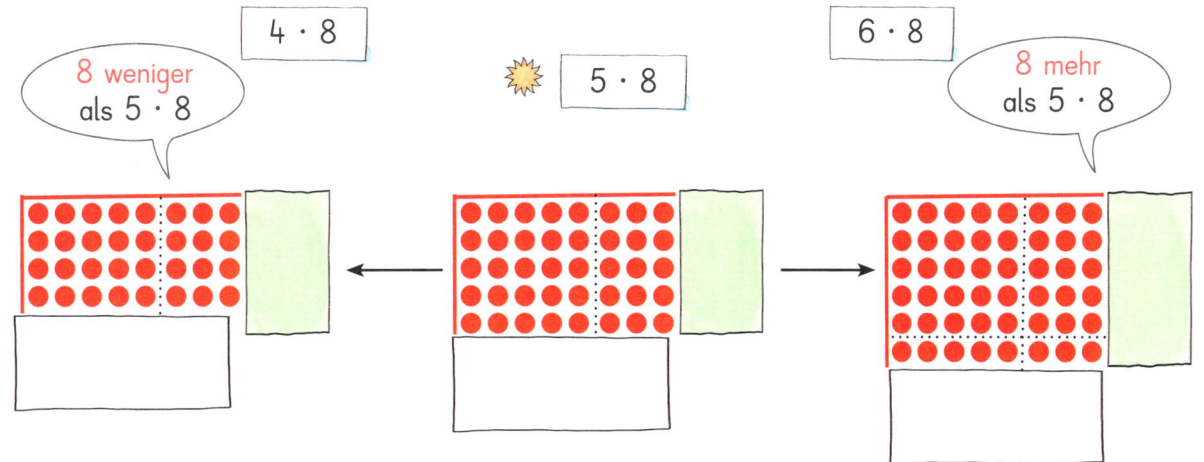

2   4 · 8 = ____   1 · 8 = ____   7 · 8 = ____   9 · 8 = ____

☀5 · 8 = ____   ☀2 · 8 = ____   ☀8 · 8 = ____   ☀10 · 8 = ____

6 · 8 = ____   3 · 8 = ____   9 · 8 = ____   11 · 8 = ____

3   2 · 8 = ____   3 · 8 = ____   0 · 8 = ____   5 · 8 = ____

4 · 8 = ____   6 · 8 = ____   8 · 8 = ____   10 · 8 = ____

4   16 : 8 = ____, denn ____ · ____ = ____   **5**   72 : 8 = ____

56 : 8 = ____, denn ____ · ____ = ____   48 : 8 = ____

8 : 8 = ____, denn ____ · ____ = ____   64 : 8 = ____

40 : 8 = ____, denn ____ · ____ = ____   32 : 8 = ____

80 : 8 = ____, denn ____ · ____ = ____   56 : 8 = ____

48 : 8 = ____, denn ____ · ____ = ____   24 : 8 = ____

6

· 8	
9	
5	

· 8	
0	
3	

: 8	
56	
64	

: 8	
32	
72	

7 Kannst du das noch?

3 · 5 = ____   8 · 4 = ____   7 · 5 = ____   9 · 10 = ____

6 · 10 = ____   9 · 2 = ____   8 · 2 = ____   3 · 10 = ____

2 Aufgaben gegebenenfalls am Punktefeld zeigen.

1 **Malduro**

Drei Zahlen im Kopf,
vier Aufgaben im Bauch:
zwei Malaufgaben
zwei Geteiltaufgaben

8 · 4 = 32
4 · 8 = 32
32 : 4 = 8
32 : 8 = 4

8 · 5 =
5 · 8 =
40 : 5 =
40 : 8 =

2 Trage die fehlende Zahl im Mund ein. Schreibe vier Aufgaben.

3 Trage die fehlende Zahl im Mund ein. Schreibe vier Aufgaben.

1 bis **3** Erzählen, welche Aufgaben in den Bauch von Malduro geschrieben werden.

1

9 · 8 = _____

7 · 4 = _____

3 · 5 = _____

4 · 10 = _____

8 · 4 = _____

9 · 2 = _____

6 · 5 = _____

2

4 · 5 = _____

6 · 8 = _____

3 · 4 = _____

7 · 5 = _____

32 : 4 = _____

56 : 8 = _____

72 : 8 = _____

3

48 : 8 = _____

15 : 5 = _____

28 : 4 = _____

36 : 4 = _____

6 · 5 = _____

4 · 8 = _____

9 · 4 = _____

4

9 · 5 = _____

24 : 4 = _____

7 · 8 = _____

35 : 5 = _____

36 : 4 = _____

8 · 5 = _____

3 · 8 = _____

Immer zwei Eistüten sind gleich gefärbt.

Kannst du das noch?

$$38 + 26$$

Erst die Zehner dazu.	Nun die Einer. Erst bis zum Zehner, ...	... dann weiter.

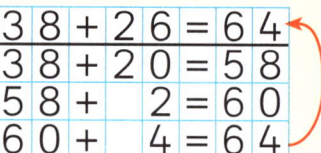

```
3 8 + 2 6 =
3 8 + 2 0 = 5 8
```

```
3 8 + 2 6 =
3 8 + 2 0 = 5 8
5 8 +   2 = 6 0
```

```
3 8 + 2 6 = 6 4
3 8 + 2 0 = 5 8
5 8 +   2 = 6 0
6 0 +   4 = 6 4
```

1
```
2 9 + 2 8 =
    +     =
    +     =
    +     =
```
```
4 7 + 1 6 =
    +     =
    +     =
    +     =
```
```
3 8 + 4 5 =
    +     =
    +     =
    +     =
```

2
```
3 5 + 5 6 =
    +     =
    +     =
    +     =
```
```
6 8 + 2 3 =
    +     =
    +     =
    +     =
```
```
5 6 + 2 6 =
    +     =
    +     =
    +     =
```

3

64 + 28 = ___   39 + 35 = ___   28 + 43 = ___

52 + 39 = ___   26 + 19 = ___   37 + 44 = ___

47 + 16 = ___   75 + 18 = ___   19 + 57 = ___

45   63   64   71   74   76   81   91   92   93

4

48 + 27 = ___   65 + 28 = ___   32 + 49 = ___

37 + 18 = ___   26 + 35 = ___   57 + 25 = ___

24 + 39 = ___   73 + 18 = ___   46 + 28 = ___

55   58   61   63   74   75   81   82   91   93

5

+ 26	
66	
47	
38	

+ 48	
28	
43	
35	

+ 37	
44	
29	
24	

+ 19	
63	
36	
28	

47   55   61   64   66   73   76   81   82   83   91   92   96

3 bis 5 Aufgaben gegebenenfalls schrittweise im Heft lösen.

Und jetzt minus!

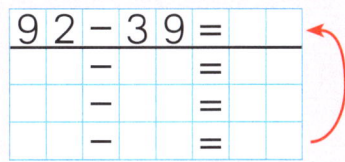

$54 - 26$

| Erst die Zehner weg. | Nun die Einer weg. Erst weg bis zum Zehner, ... | ... dann weiter. |

$54 - 26 =$
$54 - 20 = 34$

$54 - 26 =$
$54 - 20 = 34$
$34 - 4 = 30$

$54 - 26 = 28$
$54 - 20 = 34$
$34 - 4 = 30$
$30 - 2 = 28$

1

$53 - 17 =$
$- =$
$- =$
$- =$

$53 - 37 =$
$- =$
$- =$
$- =$

$53 - 47 =$
$- =$
$- =$
$- =$

2

$82 - 39 =$
$- =$
$- =$
$- =$

$92 - 39 =$
$- =$
$- =$
$- =$

$62 - 39 =$
$- =$
$- =$
$- =$

3

$51 - 17 = \rule{2em}{0.4pt}$ $93 - 47 = \rule{2em}{0.4pt}$ $74 - 55 = \rule{2em}{0.4pt}$

$72 - 35 = \rule{2em}{0.4pt}$ $75 - 28 = \rule{2em}{0.4pt}$ $85 - 36 = \rule{2em}{0.4pt}$

$44 - 18 = \rule{2em}{0.4pt}$ $54 - 26 = \rule{2em}{0.4pt}$ $92 - 27 = \rule{2em}{0.4pt}$

19   26   28   34   37   39   46   47   49   65

4

$90 - 38 = \rule{2em}{0.4pt}$ $64 - 27 = \rule{2em}{0.4pt}$ $43 - 19 = \rule{2em}{0.4pt}$

$87 - 49 = \rule{2em}{0.4pt}$ $80 - 41 = \rule{2em}{0.4pt}$ $51 - 38 = \rule{2em}{0.4pt}$

$36 - 18 = \rule{2em}{0.4pt}$ $75 - 26 = \rule{2em}{0.4pt}$ $60 - 26 = \rule{2em}{0.4pt}$

13   18   24   34   36   37   38   39   49   52

5

$- 54$	
100	
83	
72	

$- 66$	
94	
80	
73	

$- 49$	
71	
86	
100	

$- 38$	
100	
92	
57	

7   14   18   19   22   28   29   35   37   46   51   54   62

3 bis **5** Aufgaben gegebenenfalls schrittweise im Heft lösen.

1

Ich sehe 3 Kinder.

Ich sehe 9 Tücher.

$$3 + 3 + 3 = 9$$
$$3 \cdot 3 = 9$$

2 a)

___3 + 3 =_____

_____

b)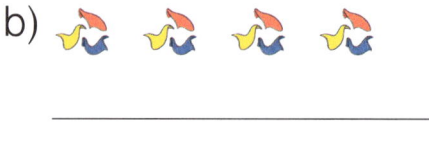

_____

_____

3

Wie viele Tücher sind es?

4 Kinder   4 · 3 = _____   2 Kinder _____

7 Kinder ____ · 3 = _____   10 Kinder _____

5 Kinder _____   6 Kinder _____

8 Kinder _____   9 Kinder _____

1 Kind   _____   3 Kinder _____

4

Kinder	1	2	3	4	5	6	7	8	9	10
Tücher	3									

5

Kinder	3	2	9	6	5	10	1	8	7	4
Tücher	9									

3 bis 5 Anzahl der Kinder im Bild abdecken, dann Anzahl der Tücher ermitteln.

1 In 3er-Sprüngen vorwärts.
Trage die Zahlen der 3er-Reihe ein.

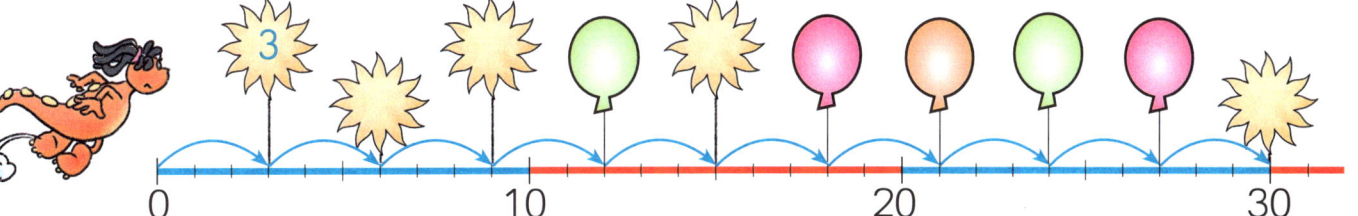

2 Rechne die Malaufgaben aus.
Dann trage die Ergebnisse in die Einmaleins-Tafel ein.

1 · 3 = ____

2 · 3 = ____

3 · 3 = ____

4 · 3 = ____

5 · 3 = ____

6 · 3 = ____

7 · 3 = ____

8 · 3 = ____

9 · 3 = ____

10 · 3 = ____

·	1	2	3	4	5	6	7	8	9	10
1	1	2		4	5	6	7	8	9	10
2	2	4		8	10	12	14	16	18	20
3										
4	4	8		16	20	24	28	32	36	40
5	5	10		20	25	30	35	40	45	50
6	6	12		24	30	36		48		60
7	7	14		28	35		49	56		70
8	8	16		32	40	48	56	64	72	80
9	9	18		36	45			72	81	90
10	10	20		40	50	60	70	80	90	100

3 Rechne auch die Tauschaufgabe.

5 · 3 = ____   9 · 3 = ____   8 · 3 = ____   10 · 3 = ____

3 · 5 = ____   _____   _____   _____

2 · 3 = ____   7 · 3 = ____   4 · 3 = ____   6 · 3 = ____

_____   _____   _____   _____

4 Trage auch die Ergebnisse der Tauschaufgaben in die
Einmaleins-Tafel ein.

2 Das Eintragen der Ergebnisse in die Einmaleins-Tafel besprechen.

1 Es sind 15 Tücher. Jedes Kind hat 3 Tücher.
Wie viele Kinder sind es?

Hier siehst du eine Geteiltaufgabe und eine Malaufgabe.

15 : 3 = ___ , denn ___ · 3 = 15
Es sind ___ Kinder.

2 Es sind 18 Tücher. Jedes Kind hat 3 Tücher.
Wie viele Kinder sind es?

18 : 3 = ___ , denn ___ · 3 = ___
Es sind ___ Kinder.

3 In 3er-Sprüngen vorwärts. Trage die Zahlen der 3er-Reihe ein.

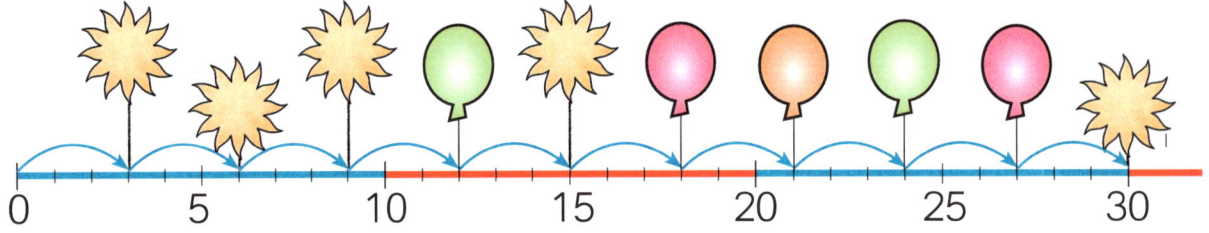

4 Wie viele 3er-Sprünge sind es?
Schreibe die Geteiltaufgabe und die Malaufgabe dazu.

a) 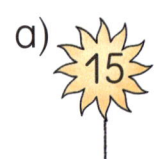 b)  c)  d)

15 : 3 = ___   21 : 3 = ___   30 : 3 = ___   12 : 3 = ___

___ · 3 = ___   _____   _____   _____

5 9 : 3 = ___ , denn ___ · 3 = ___
27 : 3 = ___ , denn ___ · 3 = ___
24 : 3 = ___ , denn ___ · 3 = ___
18 : 3 = ___ , denn ___ · 3 = ___
6 : 3 = ___ , denn ___ · 3 = ___

6 15 : 3 = ___
21 : 3 = ___
9 : 3 = ___
3 : 3 = ___
24 : 3 = ___

1 Von den Sonnen-Aufgaben zu den Nachbaraufgaben.

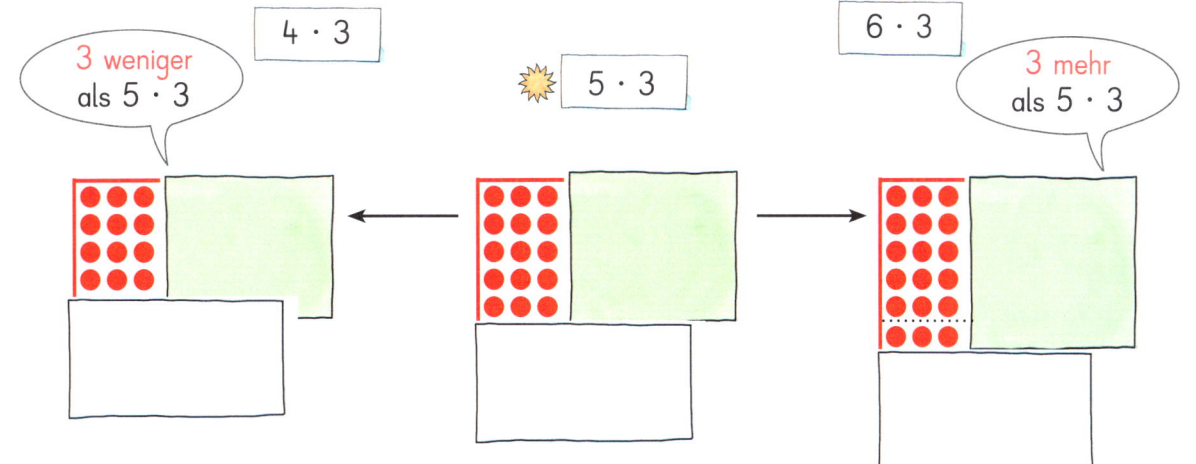

2

4 · 3 = _____ 1 · 3 = _____ 2 · 3 = _____ 9 · 3 = _____

☀5 · 3 = _____ ☀2 · 3 = _____ ☀3 · 3 = _____ ☀10 · 3 = _____

6 · 3 = _____ 3 · 3 = _____ 4 · 3 = _____ 11 · 3 = _____

3

2 · 3 = _____ 3 · 3 = _____ 0 · 3 = _____ 5 · 3 = _____

4 · 3 = _____ 6 · 3 = _____ 3 · 3 = _____ 10 · 3 = _____

4

15 : 3 = _____, denn _____ · _____ = _____

30 : 3 = _____, denn _____ · _____ = _____

9 : 3 = _____, denn _____ · _____ = _____

6 : 3 = _____, denn _____ · _____ = _____

12 : 3 = _____, denn _____ · _____ = _____

24 : 3 = _____, denn _____ · _____ = _____

5

27 : 3 = _____

3 : 3 = _____

15 : 3 = _____

18 : 3 = _____

21 : 3 = _____

9 : 3 = _____

6

· 3	
2	
3	
7	

· 3	
0	
8	
6	

: 3	
9	
27	
21	

: 3	
18	
3	
30	

7 Kannst du das noch?

5 · 5 = _____ 2 · 2 = _____ 0 · 4 = _____ 6 · 10 = _____

10 · 5 = _____ 4 · 2 = _____ 10 · 4 = _____ 8 · 10 = _____

2 Aufgaben gegebenenfalls am Punktefeld zeigen.

1

Ich sehe 3 Pedalos.

Ich sehe 18 Rollen.

$$6 + 6 + 6 = \underline{}$$
$$3 \cdot 6 = \underline{}$$

2 a)

$\underline{6 + 6 =}\underline{}$

_____

b)

_____

_____

3 a)

_____

_____

b)

_____

_____

4

Wie viele Rollen sind es?

4 Pedalos $4 \cdot 6 = \underline{}$ 2 Pedalos _____

7 Pedalos $\underline{} \cdot 6 = \underline{}$ 10 Pedalos _____

5 Pedalos _____   6 Pedalos _____

8 Pedalos _____   9 Pedalos _____

1 Pedalo _____   3 Pedalos _____

5

Pedalos	1	2	3	4	5	6	7	8	9	10
Rollen	6									

4 und 5 Anzahl der Pedalos im Bild abdecken, dann Anzahl der Rollen ermitteln.

1 In 6er-Sprüngen vorwärts.

Trage die Zahlen der 6er-Reihe ein.

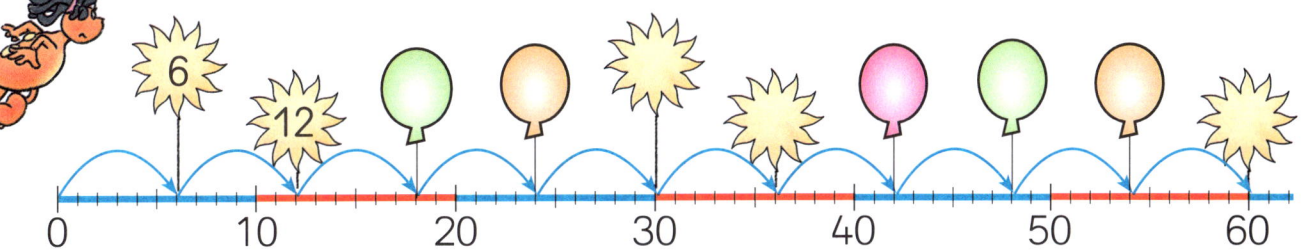

2 Rechne die Malaufgaben aus.

Dann trage die Ergebnisse in die Einmaleins-Tafel ein.

1 · 6 = ____

2 · 6 = ____

3 · 6 = ____

4 · 6 = ____

5 · 6 = ____

6 · 6 = ____

7 · 6 = ____

8 · 6 = ____

9 · 6 = ____

10 · 6 = ____

·	1	2	3	4	5	6	7	8	9	10
1	1	2	3	4	5		7	8	9	10
2	2	4	6	8	10		14	16	18	20
3	3	6	9	12	15		21	24	27	30
4	4	8	12	16	20		28	32	36	40
5	5	10	15	20	25		35	40	45	50
6										
7	7	14	21	28	35		49	56		70
8	8	16	24	32	40		56	64	72	80
9	9	18	27	36	45			72	81	90
10	10	20	30	40	50		70	80	90	100

3 Rechne auch die Tauschaufgabe.

5 · 6 = ____   9 · 6 = ____   3 · 6 = ____   10 · 6 = ____

6 · 5 = ____   _____   _____   _____

2 · 6 = ____   7 · 6 = ____   4 · 6 = ____   8 · 6 = ____

_____   _____   _____   _____

4 Trage auch die Ergebnisse der Tauschaufgaben in die Einmaleins-Tafel ein.

2 Das Eintragen der Ergebnisse in die Einmaleins-Tafel besprechen.

1 Es sind 18 Rollen, immer 6 Rollen für ein Pedalo.
Wie viele Pedalos sind es?

Hier siehst du eine Geteiltaufgabe und eine Malaufgabe.

18 : 6 = ____, denn ____ · 6 = 18
Es sind ____ Pedalos.

2 Es sind 12 Rollen, immer 6 Rollen für ein Pedalo.
 Kreise ein. Wie viele Pedalos sind es?

____ : ____ = ____, denn ____ · ____ = 12
Es sind ____ Pedalos.

3 In 6er-Sprüngen vorwärts. Trage die Zahlen der 6er-Reihe ein.

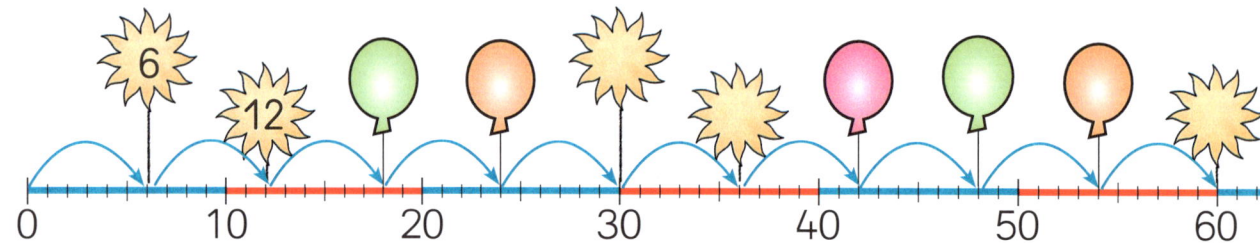

4 Wie viele 6er-Sprünge sind es?
Schreibe die Geteiltaufgabe und die Malaufgabe dazu.

a)    b)    c) 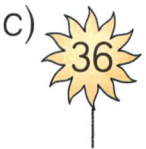   d)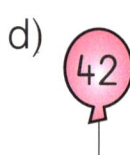

12 : 6 = ____   _____   _____   _____

_____   _____   _____   _____

5 36 : 6 = ____, denn ____ · 6 = ____
54 : 6 = ____, denn ____ · 6 = ____
48 : 6 = ____, denn ____ · 6 = ____
24 : 6 = ____, denn ____ · 6 = ____

6 18 : 6 = ____
30 : 6 = ____
60 : 6 = ____
6 : 6 = ____

1 Von den Sonnen-Aufgaben zu den Nachbaraufgaben.

$4 \cdot 6 =$ _____ $1 \cdot 6 =$ _____ $5 \cdot 6 =$ _____ $9 \cdot 6 =$ _____

☀$5 \cdot 6 =$ _____ ☀$2 \cdot 6 =$ _____ ☀$6 \cdot 6 =$ _____ ☀$10 \cdot 6 =$ _____

$6 \cdot 6 =$ _____ $3 \cdot 6 =$ _____ $7 \cdot 6 =$ _____ $11 \cdot 6 =$ _____

2 $4 \cdot 6 =$ _____ $9 \cdot 6 =$ _____ $8 \cdot 6 =$ _____ $3 \cdot 6 =$ _____

$1 \cdot 6 =$ _____ $5 \cdot 6 =$ _____ $2 \cdot 6 =$ _____ $6 \cdot 6 =$ _____

3 Rechne auch immer die Tauschaufgabe.

$4 \cdot 6 =$ _____ $7 \cdot 6 =$ _____ $3 \cdot 6 =$ _____ $8 \cdot 6 =$ _____

$6 \cdot 4 =$ _____ $6 \cdot$ ___ $=$ _____ _____ _____

4 $12 : 6 =$ ___, denn ___ $\cdot$ ___ $=$ ___

$48 : 6 =$ ___, denn ___ $\cdot$ ___ $=$ ___

$54 : 6 =$ ___, denn ___ $\cdot$ ___ $=$ ___

$24 : 6 =$ ___, denn ___ $\cdot$ ___ $=$ ___

$36 : 6 =$ ___, denn ___ $\cdot$ ___ $=$ ___

5 $30 : 6 =$ _____

$18 : 6 =$ _____

$12 : 6 =$ _____

$60 : 6 =$ _____

$42 : 6 =$ _____

6

$\cdot$ 6	
2	
0	
8	

$\cdot$ 6	
6	
9	
4	

: 6	
48	
54	
30	

: 6	
6	
42	
24	

7 Kannst du das noch?

$2 \cdot 3 = \underline{6}$ $6 \cdot 5 =$ _____ $8 \cdot 10 =$ _____ $9 \cdot 4 =$ _____

$2 \cdot 8 =$ _____ $7 \cdot 4 =$ _____ $5 \cdot 3 =$ _____ $9 \cdot 3 =$ _____

$4 \cdot 5 =$ _____ $9 \cdot 8 =$ _____ $7 \cdot 5 =$ _____ $7 \cdot 8 =$ _____

8 $27 : 3 =$ _____ $50 : 5 =$ _____ $18 : 2 =$ _____ $24 : 4 =$ _____

$32 : 8 =$ _____ $12 : 2 =$ _____ $36 : 4 =$ _____ $35 : 5 =$ _____

$28 : 4 =$ _____ $21 : 3 =$ _____ $56 : 8 =$ _____ $15 : 3 =$ _____

1

19 + 28 = ___	84 + 7 = ___	45 + 31 = ___
24 + 62 = ___	38 + 42 = ___	63 + 18 = ___
37 + 9 = ___	26 + 56 = ___	57 + 9 = ___

46   47   55   66   76   80   81   82   86   91

2

80 − 27 = ___	71 − 7 = ___	60 − 56 = ___
62 − 35 = ___	97 − 53 = ___	43 − 9 = ___
58 − 46 = ___	84 − 48 = ___	92 − 34 = ___

4   12   27   34   36   44   53   58   64   71

3

34 + 48 = ___	70 − 27 = ___	89 + 11 = ___
79 − 35 = ___	81 − 9 = ___	74 − 26 = ___
56 + 24 = ___	68 + 24 = ___	58 + 37 = ___

43   44   48   65   72   80   82   92   95   100

4

+ 48		− 25		+ 36		− 19	
31		70		23		91	
19		93		64		85	
42		34		47		60	

9   36   41   45   59   66   67   68   72   79   83   90   100

5

6

1

36 + 49 = ____
37 + 49 = ____
38 + 49 = ____
39 + __ = ____
_____

91 − 68 = ____
90 − 68 = ____
89 − 68 = ____
88 − __ = ____
_____

48 + 35 = ____
48 + 34 = ____
48 + 33 = ____
48 + __ = ____
_____

2

94 − 27 = ____
84 − 27 = ____
74 − 27 = ____
64 − __ = ____
_____

87 − 65 = ____
87 − 55 = ____
87 − 45 = ____
87 − __ = ____
_____

90 − 16 = ____
90 − 26 = ____
90 − 36 = ____
90 − __ = ____
_____

3

27 + 64 = ____
82 − 16 = ____
50 − 35 = ____

15   16   29

62 + 25 = ____
93 − 64 = ____
35 + 47 = ____

31   66   81   82

78 + 8 = ____
62 − 46 = ____
49 + 32 = ____

86   87   91

4

39 + 57 = ____
72 − 65 = ____
28 + 72 = ____

7   8   40

11 + 68 = ____
90 − 32 = ____
46 + 19 = ____

58   60   65   79

65 − 25 = ____
53 + 37 = ____
84 − 76 = ____

90   96   100

5

+	17	26	45
47			
34			
28			

−	25	38	43
70			
64			
98			

+	18	27	38
36			
55			
49			

1

Ich sehe
2 Kegelspiele.

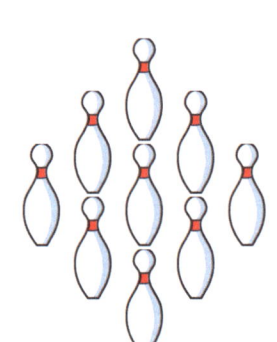

Ich sehe
18 Kegel.

9 + 9 = ____

2 · 9 = ____

2 a)

9 + 9 + 9 = _____

3 · 9 = _____

b)

_____

_____

3 a)

_____

_____

b)

_____

_____

4

Wie viele Kegel sind es?

4 Kegelspiele   4 · 9 = _____   2 Kegelspiele _____

7 Kegelspiele ___ · 9 = _____   10 Kegelspiele _____

5 Kegelspiele _____   6 Kegelspiele _____

8 Kegelspiele _____   9 Kegelspiele _____

1 Kegelspiel _____   3 Kegelspiele _____

5

Kegelspiele	1	2	3	4	5	6	7	8	9	10
Kegel	9									

 bis **5** Anzahl der Kegelspiele im Bild abdecken, dann Anzahl der Kegel ermitteln.

1 In 9er-Sprüngen vorwärts.

Trage die Zahlen der 9er-Reihe ein.

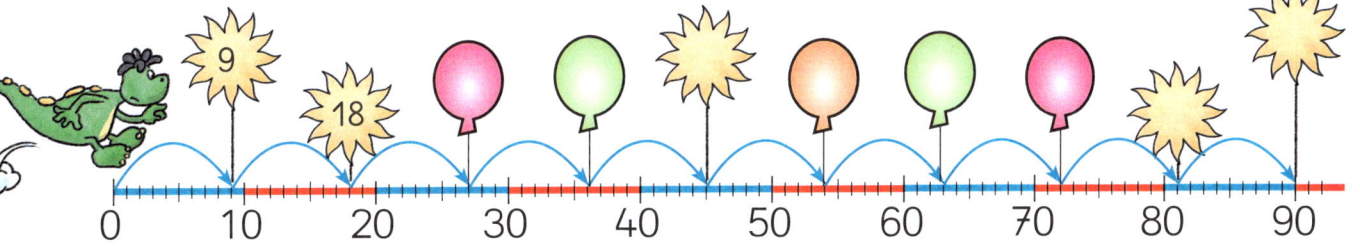

0   10   20   30   40   50   60   70   80   90

2 Rechne die Malaufgaben aus.

Dann trage die Ergebnisse in die Einmaleins-Tafel ein.

1 · 9 = ____

2 · 9 = ____

3 · 9 = ____

4 · 9 = ____

5 · 9 = ____

6 · 9 = ____

7 · 9 = ____

8 · 9 = ____

9 · 9 = ____

10 · 9 = ____

·	1	2	3	4	5	6	7	8	9	10
1	1	2	3	4	5	6	7	8		10
2	2	4	6	8	10	12	14	16		20
3	3	6	9	12	15	18	21	24		30
4	4	8	12	16	20	24	28	32		40
5	5	10	15	20	25	30	35	40		50
6	6	12	18	24	30	36	42	48		60
7	7	14	21	28	35	42	49	56		70
8	8	16	24	32	40	48	56	64		80
9										
10	10	20	30	40	50	60	70	80		100

3 Rechne auch die Tauschaufgabe.

5 · 9 = ____   8 · 9 = ____   3 · 9 = ____   10 · 9 = ____

9 · 5 = ____   _____   _____   _____

2 · 9 = ____   7 · 9 = ____   4 · 9 = ____   6 · 9 = ____

_____   _____   _____   _____

4 Trage auch die Ergebnisse der Tauschaufgaben in die Einmaleins-Tafel ein.

2 Das Eintragen der Ergebnisse in die Einmaleins-Tafel besprechen.

1   Es sind 18 Kegel, immer 9 Kegel für ein Kegelspiel.

Wie viele Kegelspiele sind es?

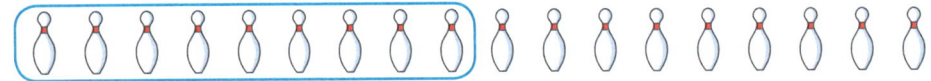

Hier siehst du eine Geteiltaufgabe und eine Malaufgabe.

18 : 9 = ___ , denn ___ · 9 = 18

Es sind ___ Kegelspiele.

2   Es sind 36 Kegel. Immer 9 Kegel für ein Kegelspiel.

 Kreise ein. Wie viele Kegelspiele sind es?

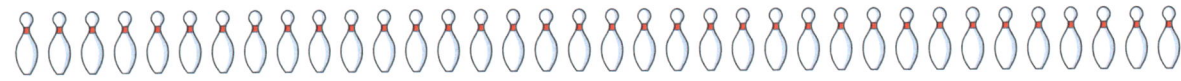

___ : ___ = ___ , denn ___ · ___ = 36

Es sind ___ Kegelspiele.

3   In 9er-Sprüngen vorwärts. Trage die Zahlen der 9er-Reihe ein.

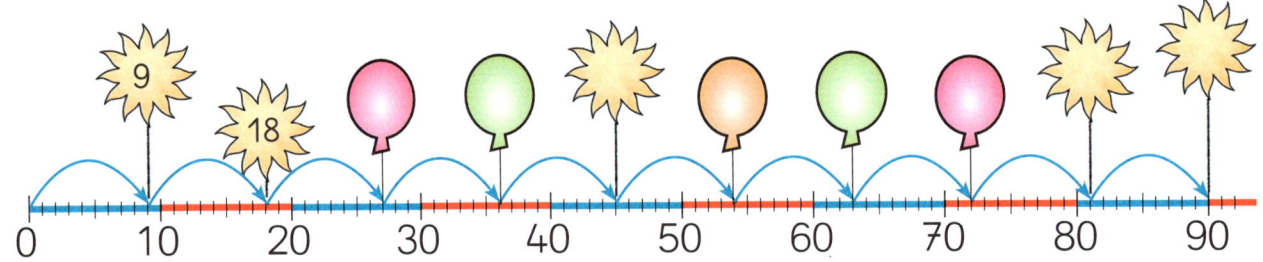

4   Wie viele 9er-Sprünge sind es?

Schreibe die Geteiltaufgabe und die Malaufgabe dazu.

a)    b)    c)    d)

18 : 9 = ___   _____   _____   _____

_____   _____   _____   _____

5   36 : 9 = ___ , denn ___ · 9 = ___   **6**   63 : 9 = ___

72 : 9 = ___ , denn ___ · 9 = ___   45 : 9 = ___

9 : 9 = ___ , denn ___ · 9 = ___   90 : 9 = ___

27 : 9 = ___ , denn ___ · 9 = ___   36 : 9 = ___

1 Von den Sonnen-Aufgaben zu den Nachbaraufgaben.

$4 \cdot 9 =$ _____ $1 \cdot 9 =$ _____ $8 \cdot 9 =$ _____ $9 \cdot 9 =$ _____

☀$5 \cdot 9 =$ _____   ☀$2 \cdot 9 =$ _____   ☀$9 \cdot 9 =$ _____   ☀$10 \cdot 9 =$ _____

$6 \cdot 9 =$ _____ $3 \cdot 9 =$ _____ $10 \cdot 9 =$ _____ $11 \cdot 9 =$ _____

2 $4 \cdot 9 =$ _____ $9 \cdot 9 =$ _____ $8 \cdot 9 =$ _____ $3 \cdot 9 =$ _____

$1 \cdot 9 =$ _____ $5 \cdot 9 =$ _____ $0 \cdot 9 =$ _____ $6 \cdot 9 =$ _____

3 $27 : 9 =$ _____, denn _____ $\cdot$ _____ = _____   **4** $36 : 9 =$ _____

$18 : 9 =$ _____, denn _____ $\cdot$ _____ = _____ $81 : 9 =$ _____

$54 : 9 =$ _____, denn _____ $\cdot$ _____ = _____ $72 : 9 =$ _____

$90 : 9 =$ _____, denn _____ $\cdot$ _____ = _____ $63 : 9 =$ _____

$45 : 9 =$ _____, denn _____ $\cdot$ _____ = _____ $90 : 9 =$ _____

5

· 9	
6	
0	
4	

· 9	
8	
5	
7	

: 9	
36	
72	
81	

: 9	
9	
45	
63	

6 Kannst du das noch?

$2 \cdot 6 =$ _____ $6 \cdot 8 =$ _____ $3 \cdot 4 =$ _____ $8 \cdot 10 =$ _____

$8 \cdot 4 =$ _____ $4 \cdot 5 =$ _____ $0 \cdot 6 =$ _____ $5 \cdot 8 =$ _____

$7 \cdot 3 =$ _____ $9 \cdot 5 =$ _____ $7 \cdot 8 =$ _____ $9 \cdot 3 =$ _____

7 $64 : 8 =$ _____ $24 : 8 =$ _____ $40 : 5 =$ _____ $36 : 4 =$ _____

$16 : 2 =$ _____ $25 : 5 =$ _____ $42 : 6 =$ _____ $30 : 10 =$ _____

8 $28 : 4 =$ _____ $32 : 4 =$ _____ $90 : 10 =$ _____ $35 : 5 =$ _____

$18 : 2 =$ _____ $45 : 5 =$ _____ $36 : 6 =$ _____ $16 : 4 =$ _____

1

2

Woche	1	2	3	4	5	6	7	8	9	10
Tage	7									

3 Wie viele Tage sind es?

1 · 7 = ____

2 · 7 = ____

3 · 7 = ____

4 · 7 = ____

5 · 7 = ____

6 · 7 = ____

7 · 7 = ____

8 · 7 = ____

9 · 7 = ____

10 · 7 = ____

·	1	2	3	4	5	6	7	8	9	10
1	1	2	3	4	5	6		8	9	10
2	2	4	6	8	10	12		16	18	20
3	3	6	9	12	15	18		24	27	30
4	4	8	12	16	20	24		32	36	40
5	5	10	15	20	25	30		40	45	50
6	6	12	18	24	30	36		48	54	60
7										
8	8	16	24	32	40	48		64	72	80
9	9	18	27	36	45	54		72	81	90
10	10	20	30	40	50	60		80	90	100

4 Rechne auch die Tauschaufgabe und trage die Ergebnisse ein.

3 · 7 = ____   6 · 7 = ____   9 · 7 = ____   10 · 7 = ____

7 · 3 = ____   _____   _____   _____

2 · 7 = ____   4 · 7 = ____   8 · 7 = ____   5 · 7 = ____

_____   _____   _____   _____

1 In 7er-Sprüngen vorwärts.

Trage die Zahlen der 7er-Reihe ein.

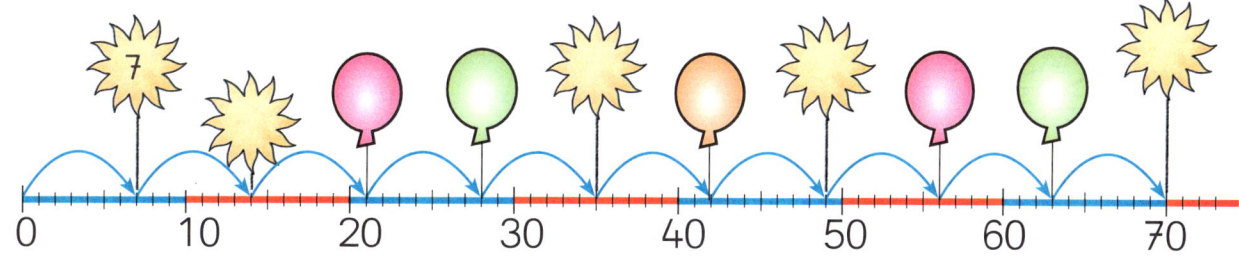

2 Wie viele 7er-Sprünge sind es?

Schreibe die Geteiltaufgabe und die Malaufgabe auf.

a) 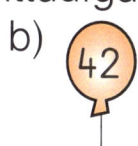 b)  c)  d) 56

14 : 7 = ____ _____ _____ _____

3
14 : 7 = ____, denn ____ · 7 = ____

49 : 7 = ____, denn ____ · 7 = ____

7 : 7 = ____, denn ____ · 7 = ____

21 : 7 = ____, denn ____ · 7 = ____

35 : 7 = ____, denn ____ · 7 = ____

63 : 7 = ____, denn ____ · 7 = ____

70 : 7 = ____, denn ____ · 7 = ____

56 : 7 = ____, denn ____ · 7 = ____

28 : 7 = ____, denn ____ · 7 = ____

42 : 7 = ____, denn ____ · 7 = ____

4
63 : 7 = ____

21 : 7 = ____

7 : 7 = ____

70 : 7 = ____

56 : 7 = ____

28 : 7 = ____

35 : 7 = ____

49 : 7 = ____

14 : 7 = ____

42 : 7 = ____

5 Kannst du das noch?

56 : 8 = ____   20 : 5 = ____   63 : 9 = ____   18 : 2 = ____

28 : 4 = ____   27 : 3 = ____   48 : 6 = ____   32 : 8 = ____

6

: 8	
40	
24	

: 9	
72	
54	

: 6	
54	
42	

: 3	
21	
12	

Trage die fehlende Zahl im Mund ein. Schreibe vier Aufgaben.

1

6 · 7 = _____

7 · 6 = _____

42 : 7 = _____

42 : 6 = _____

6 | 7

8 | 3

9 | 6

2

5 | 5

10 | 10

8 | 8

3 Trage die fehlende Zahl im Auge ein. Schreibe vier Aufgaben.

7
28

5
40

7
63

1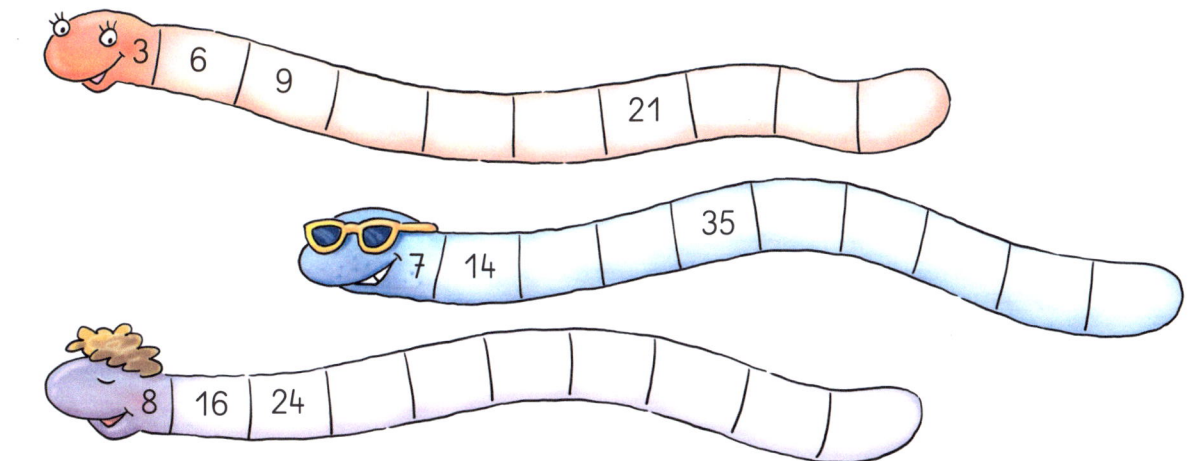

2 a) 4 · 7 = ___

8 · 3 = ___

7 · 6 = ___

b) 6 · 8 = ___

9 · 2 = ___

4 · 10 = ___

c) 9 · 5 = ___

7 · 7 = ___

8 · 8 = ___

3 a) 14 : 7 = ___

42 : 6 = ___

80 : 10 = ___

b) 18 : 9 = ___

35 : 5 = ___

70 : 10 = ___

c) 16 : 4 = ___

56 : 8 = ___

90 : 10 = ___

4

·	1	2	3	4	5	6	7	8	9	10
1				🔵						
2										
3		☁️				🌳		⭐		
4										
5						☀️				
6										
7		🌼								
8						❤️				
9								🌙		
10										🔶

Wie heißt die Aufgabe?

🔵 ___ · ___ = ___

☁️ ___ · ___ = ___

🌳 ___ · ___ = ___

⭐ ___ · ___ = ___

☀️ ___ · ___ = ___

🌼 ___ · ___ = ___

❤️ ___ · ___ = ___

🌙 ___ · ___ = ___

🔶 ___ · ___ = ___

1 Einmaleins-Reihen erkennen, dann fehlende Zahlen eintragen. 4 Aufgaben aus der Einmaleins-Tafel zu den Symbolen schreiben.

Übungen: Einmaleins-Suchbild

1 Rechne. Suche zu den Ergebnissen die richtigen Felder im Bild.
Male diese blau an. Was siehst du?

7 · 10 = ___	7 · 3 = ___	1 · 6 = ___
6 · 7 = ___	6 · 8 = ___	3 · 3 = ___
4 · 8 = ___	8 · 8 = ___	3 · 4 = ___
4 · 6 = ___	2 · 8 = ___	4 · 5 = ___
1 · 7 = ___	7 · 4 = ___	1 · 1 = ___
7 · 7 = ___	7 · 5 = ___	3 · 10 = ___
7 · 8 = ___	8 · 9 = ___	10 · 5 = ___
8 · 10 = ___	2 · 7 = ___	2 · 5 = ___
4 · 10 = ___	2 · 2 = ___	1 · 5 = ___
9 · 7 = ___	6 · 6 = ___	9 · 5 = ___
4 · 2 = ___	1 · 2 = ___	5 · 5 = ___

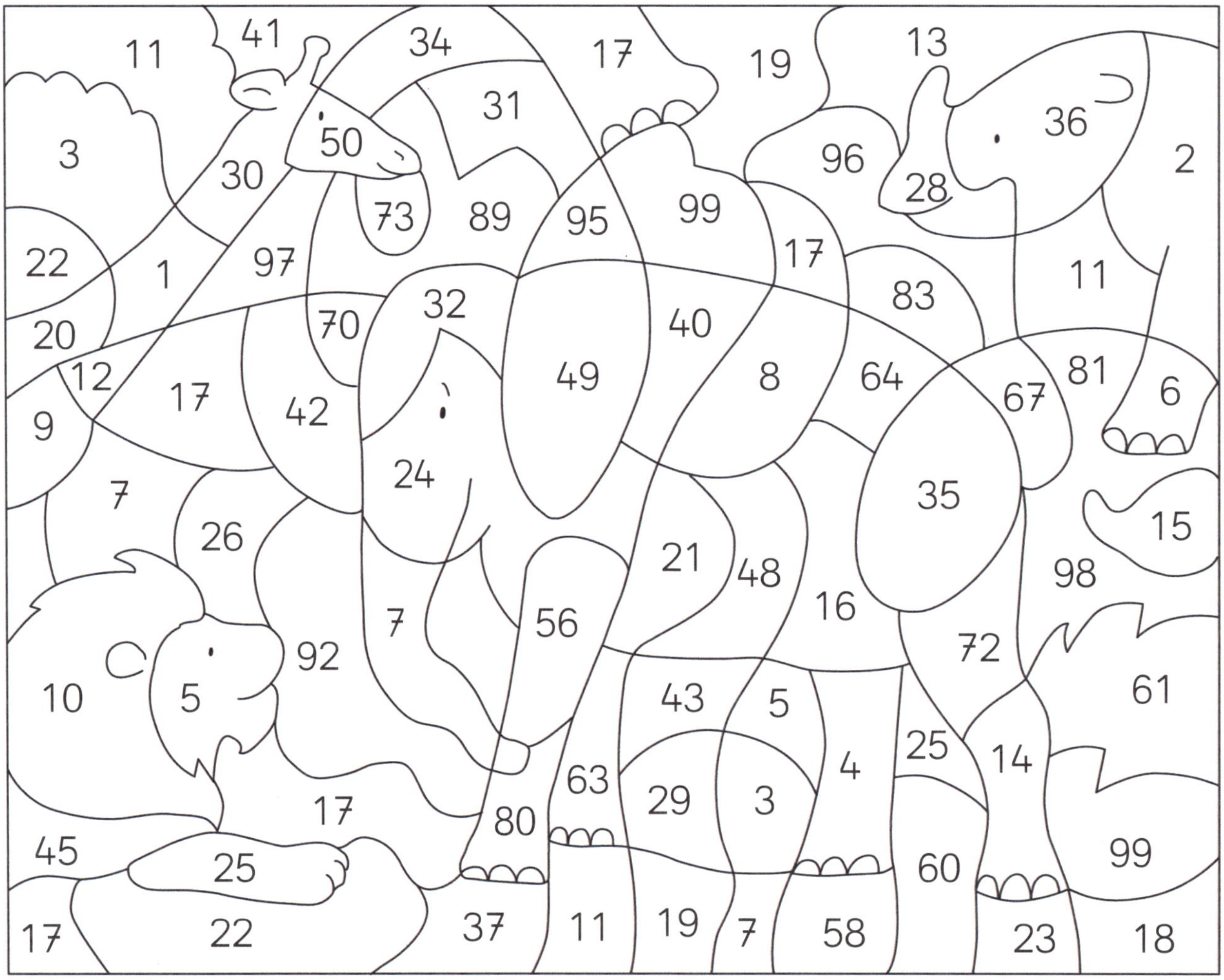